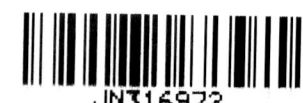

糸がつむぐお話Ⅱ

～尾州《びしゅう》ツイード～

末松グニエ 文《あや》

Wool Road
スコットランドから尾州へ

Contents

■出版に寄せて

モリリン株式会社　代表取締役会長　兼　CEO　森　克彦

このたび地元一宮在住の写真家末松グニエ文さんの「糸がつむぐお話」第Ⅱ集が完成し、皆様のお手許にお届けできることはこの上ない喜びです。

２０１４年９月に出版した第Ⅰ集では毛織物を製造する機械設備の躍動感溢れる影像や、モノづくりに携わる職人さん達のポートレートを通して、尾州産地が培ってきた「産業」の沿革と現状を余すところなく紹介できたと思います。しかし後日に再び写真集を繙くと、毛織物の「商品」としての魅力を伝える役割を果していないとの不満が湧いてきました。

こうした折に偶々一宮市立中央図書館で一冊の写真集「ハリスツイードとアランセーター※」を見つけました。伝説に包まれたスコットランドを代表する二つの繊維製品のルーツを尋ねる紀行文に加えて、それを創り出す風土と人々の営みを捉えた影像に感銘を覚えたものです。これにヒントを得て、改めて尾州産地の毛織物の魅力を発掘することにフォーカスした写真集を制作する構想が脳裏に浮かび、末松さんに相談を持ち掛けました。

現在尾州で生産される織物は多岐にわたりますが、中でも高い評価を得ているのはツイード織物だと言えるでしょう。その製造工程の各段階においては機械設備を駆使する「匠の技」が必要とされるからです。そこで今回ツイードの生産に携わる企業を、末松さんが改めて取材に訪れました。

ツイードに関する全般的な解説は一宮地場産業ファッションデザインセンター（ＦＤＣ）で人材育成コーディネーターを担当される野田隆弘先生（工学博士）にお願いすることができました。スコットランドを起源とするツイードの歴史や尾州でそれが生産されるようになった経緯も織込んだ広範な内容を簡潔にわかりやすく書いて下さいという身勝手な依頼にも拘らず、快く引き受けていただき感謝しております。

■ツイードラン尾州

衣服の魅力は何と言ってもそれを着て楽しく暮すことではないでしょうか。ツイードを着てサイクリングを楽しむイベントはその恰好の機会です。本場ロンドンで始まった「ＴＨＥ　ＴＷＥＥＤ　ＲＵＮ」の日本における公認行事は東京と名古屋で開催されてきましたが、大会実行委員長栗野宏文氏（株式会社ユナイテッドアローズ上級顧問）の発案で、昨年は一宮で行われました。一宮市内から郊外の毛織物を生産するいくつかの工場や尾州産地が恩恵を受けてきた木曽川の河畔を巡る長距離のツアーを参加者は大いに楽しみました。

■ファンシーツイード

尾州のもう一つの特色ある織物は、意匠糸を使うファンシーツイードです。その素材を生かしたシャネルスーツは一世を風靡したものですが、「華やかな勝負服」として近年俄に復活し、公式の席やパーティ会場で颯爽と着こなす姿を見かけることが多くなりました。

そこで、尾州を代表するファンシーツイード製造業３社の素晴らしい素材に加えて、丸編機でツイード調を表現した素材、合わせて５点を選んで、株式会社アンリアレイジの、森永邦彦氏に商品づくりを依頼しました。パリコレに参加して異彩を放つ森永氏の珠玉の作品を一宮在住のレディ達が素敵に着こなす企画が実現しました。

さて、写真集「糸がつむぐお話Ⅱ」の制作を進める過程での末松さんの取材活動の様子をいくつかご紹介しましょう。

ツイードランに際しては、事前に下見をして十数カ所の撮影ポイントを決め、２０キロメートルのコースを自らも自転車を駆って先回りしてシャッターを切り続けたようです。集合写真の場面で全員の視線を引き付ける咄嗟の機転には感嘆する外ありませんでした。

また、ファンシーツイードを着るレディ達の撮影会を行った時に小職も立ち会ったところ、やはり事前に書いたシナリオに沿って精力的に撮影を進める仕事振りには圧倒されました。写真集の作品をご覧になれば、彼女の取材活動のエネルギーの高さを実感いただけるでしょう。

今回の写真集の制作に当たっては、ＦＤＣのご協力をいただき誠にありがとうございました。併せて、取材に応じて下さった尾州産地の関係者の皆様にも厚くお礼申し上げます。本書が尾州産地の「商品」の魅力と「人」の活力を多くの方々に伝えられるよう期待します。

※「ハリスツイードとアランセーター　ものづくりの伝説が生きる島」
（著 / 長谷川 喜美　写真 / 阿部 雄介　出版 / 万来舎）

「繊維と映像、時代は動く」

畑　祥雄

関西学院大学 総合政策学部 教授
写真家・映像プロデューサー

― 近代化を担った時代 ―

「衣食足りて礼節を知る」という諺があるが、人は「衣」をもって生命を維持し、「食」により生活を成り立たせ、「住」により心の安らぎを得る。この様に「住」を加えての解釈がシリア難民の苦しみを見聞した時に痛感する。日本は１９～２０世紀にかけ農耕中心の封建制社会から近代産業社会に発展していく時、最初の産業は「衣」に関す繊維産業であった。一昨年、世界遺産に指定された「富岡製糸場」や昨年のＮＨＫ大河ドラマ「花燃ゆ」も繊維産業と日本の近代化をテーマにしていた。

このように繊維産業は近代化を押し進める重要な産業であり、その後は鉄鋼産業を中心にした工業化社会へと進み、さらに精密機械からコンピューターによるＩＣＴ産業へと展開。そして、世界経済の最先端産業は遺伝子も扱う製薬・医療を中心にした生命科学産業へと進化していく。

― 哀愁ドキュメントを越えて ―

振り返れば、２０世紀初頭に「東洋のマンチェスター」と言われた大阪の岸和田市は、産業革命により近代化を最初に進めた英国のマンチェスター市を彷彿とさせる象徴的な形容詞であった。その岸和田の紡績産業も１９７０年代に廃業になる工場が続出した際､世界最高級の織物を創る工場の閉鎖を写真でドキュメントした。その時､経営者が言っていた言葉は「若い女性に見放された産業はいかに高い技術を持っていても廃れていく‥」であった。明治から富岡製糸場が全国の女性リーダーを養成した明るい面と隆盛期にはこの産業にも女工哀史につながる陰の側面を持ちながらも日本の近代化を牽引してきた。その後、岸和田市では爺ちゃん・婆ちゃん・母ちゃんによる「三ちゃん農業」の閑散期に女性の働き手に頼るギリギリの経営も、近郊の家電産業の工場や大型スーパーに働き手を取られ、また、世界最高水準の職人技術も継承していく担い手がなく世界から仕事の発注があっても廃業に追い込まれていった。その時に撮影した写真はこのような深層の構図までは写せず表面的な哀愁イメージでしか記録できなかった悔しい思いがある。それ以来、ドキュメンタリー写真の役割とは何かを考え続けてきた。

― ツイードランが起爆になる ―

この厳しい産業構造の淘汰を越えて一宮市の繊維産業は世界に冠たる繊維産業として稼働している中、哀愁を誘うドキュメンタリー写真は不要である。末松グニエ文の写真活動は途中からこの写真を撮る視点の大転換があった。それは撮影時に色彩が見える写真へと変わりながら産業構造の転回に気付き始めた。現場に働く人や経営者をいかに勇気づけるイメージを創出できるかが問われると気づいたからであろう。

その中、「ツィードラン」なる世界的な催しが一宮市で開かれた。ツィードという太く多彩な糸で織られた英国の上流階級が正装をして狩猟時に着た洋服を、今風に、英国スタイルの紳士淑女達が正装して自転車に乗り街を発見しながら楽しむ、まさに欧州の自転車ブームと繊維産業を結びつけた高度な「繊維文化産業」への展開を表すものであった。

― 京都の元気回復 ―

似たような動きは京都を発祥にした「ロリータファッション」がある。西陣織などで知られる京都の繊維産業も哀愁感で見られがちであったが、過去には栄華を極めた京都太秦の映画産業と組み、現在、世界に影響を与えている日本の漫画に出てくる戦国武将などの着物を若者が漫画風に仕立て自ら時代劇の主人公を演じ、映画のセットで写真を撮る流行を創った。ゲーム界のロールプレイングゲーム（ＲＰＧ）からも発展したリアルイベントに京都の繊維産業は徐々に活気を取り戻しつつある。この動きは「加賀ロリータ」や「函館ロリータ」として「繊維文化産業」として飛び火していく。その勢いはロシアや北欧にまで伝わり「可笑しな着物文化」の輸出産業化としてクールジャパンの一翼を担い始めている。

― 写真と映像を駆使して ―

ドキュメンタリーも同様に時代と共に進化しており、目に見える現象を写す時代から目に見えないものまでも史実や科学に基づきながらイメージを創り上げていく時代へと進化している。すでにサイエンスドキュメンタリーの世界を１９８０年代に切り開き世界一大きな放送局になったディスカバリーチャンネルは、現在、ドキュメンタリー番組の６０％以上をＣＧ映像で創る。ＣＧは作り物でドキュメンタリーには相応しくない捏造に繋がるという批判が日本では大勢を占めるが、もはや世界標準のドキュメンタリー映像は学術研究に基づく正確で分かりやすいイメージをＣＧで創ることなく存在し得ないのが現実である。

いずれの日か、末松写真が末松映像へと発展することが一宮市の繊維産業を「繊維文化産業」へと展開する牽引力になれるとも考える。このたびの「ツィードラン」は幕末の黒船が軍事力で見せつけた役割を文化として声高にならず細やかに語りかけているのではないか。一宮市の地場産業は先見性で近代化をリードし、その後の低迷期を乗り越え、これからは世界の「繊維文化産業」の拠点になる日も近いのではないかと期待されている。

5

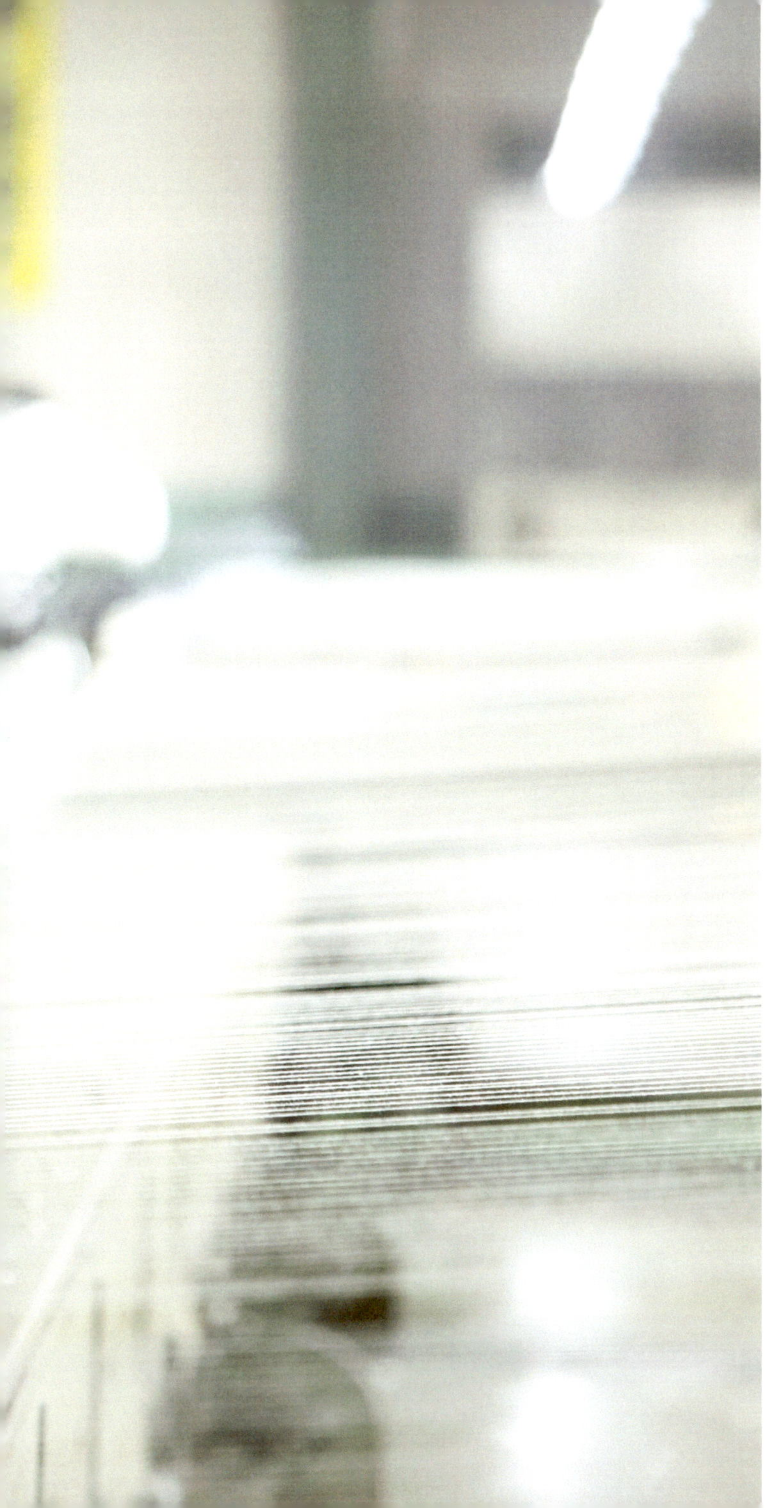

1号

TARE

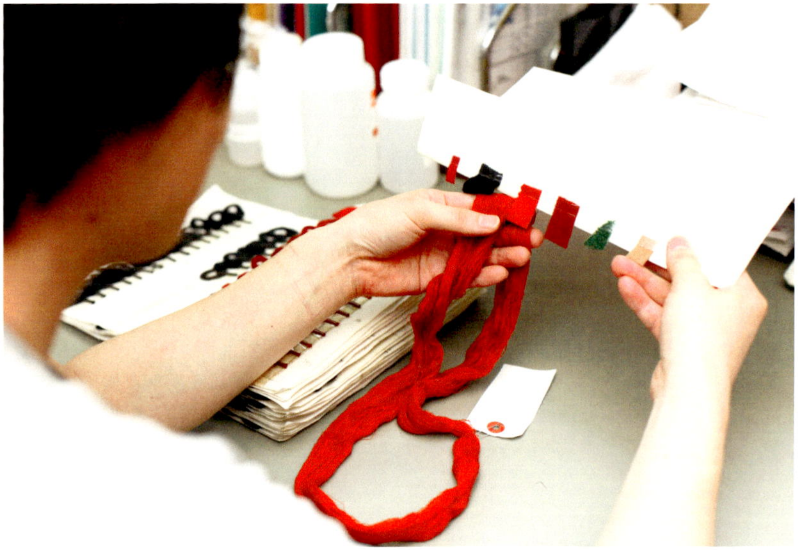

LGL
LGL ELECTRONICS S.p.A
MODELLO: PRG VECTOR
PROG3 94/0142 02 2013

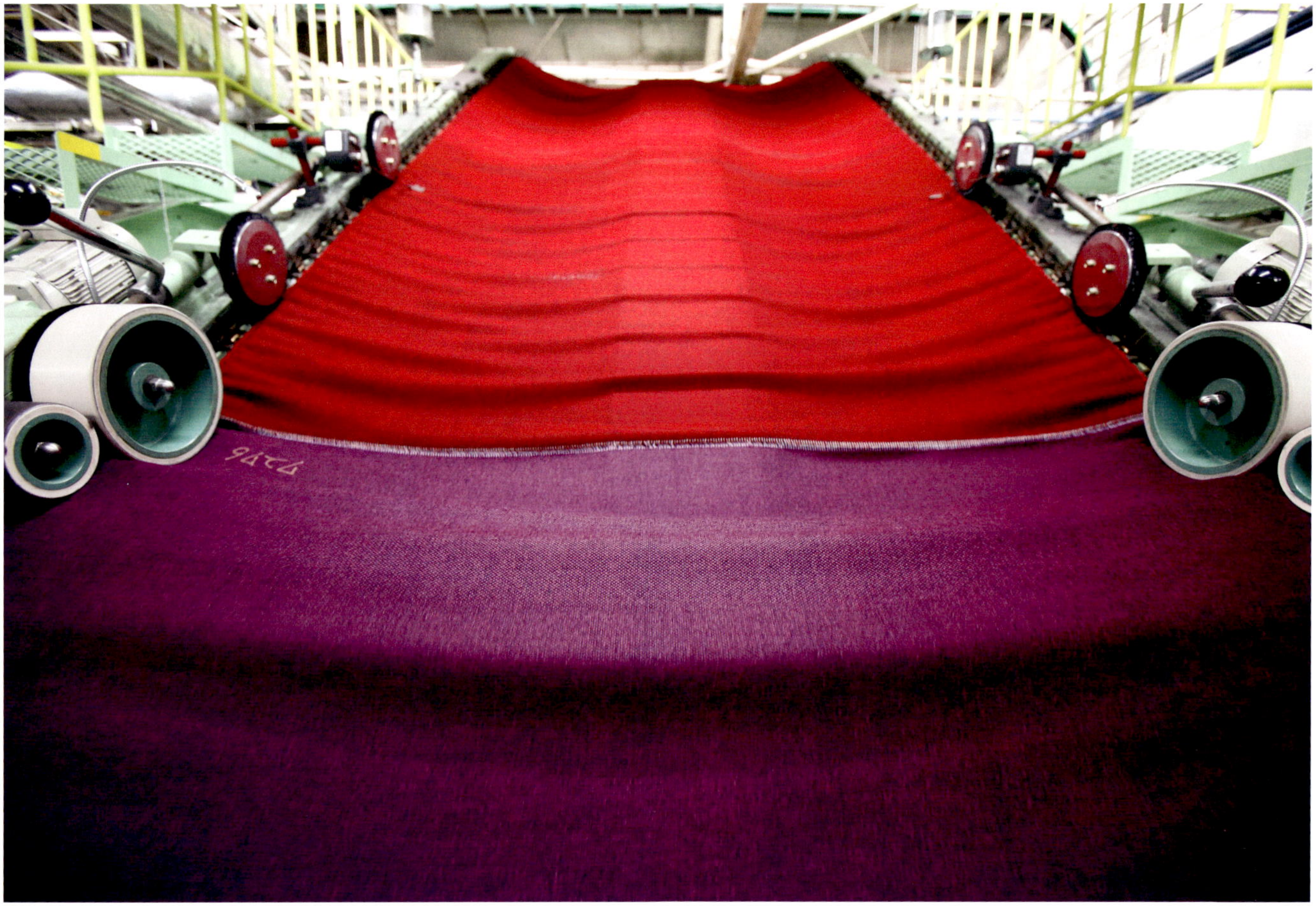

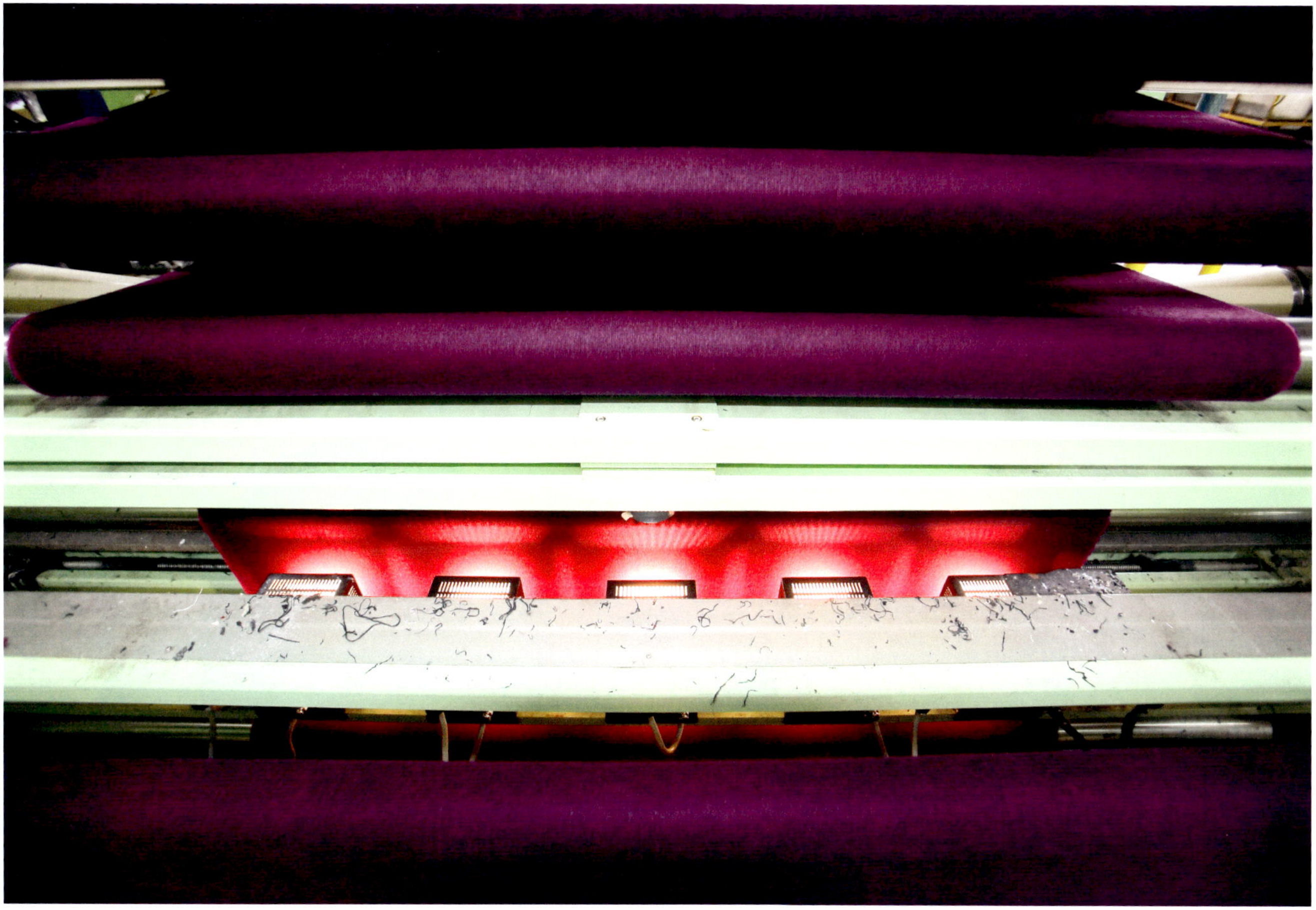

ツイードの起源

ＦＤＣ 野田隆弘

1 ツイード（ＴＷＥＥＤ）とはなんですか？

「ツイード」という名の織物、ことばとしてたいていの方が知っているはずである。加えて、ツイードとは何か？と問われると、具体的に述べられない！知っているようで知らない「ＴＷＥＥＤ」について解説します。

① なぜ「ＴＷＥＥＤ」と呼ばれるようになったのか

ツイードの故郷は英国北部のスコットランドである。かって、イングランド・ロンドンとスコットランドの主要な都市エジンバラの商人がお互いにビジネスを行っていた。ある種の斜文織（ＴＷＥＥＬ）の織物の受発注の折に、ＴＷＥＥＬをＴＷＥＥＤと何かの勘違い・間違いで「Ｌ」と「Ｄ」を書き違えてしまったことに起因すると言われている。スコットランドとイングランドの境にとても美しい「ＴＷＥＥＤ」川が流れていることも間違いの要因になったようである。

図１　ドニゴール・ツイード

② ＴＷＥＥＤは地産地消のパイオニア！

ツイードは「スコッチツイード」とも、単にスコッチともいわれ、スコットランドには「原料・製法」などの違いにより、サクソニー・ツイード、アイリッシュ・ツイード、ドニゴール・ツイード、ハリス・ツイードなど２０種類以上あるといわれている。その一例として図１にドニゴール・ツイードの試料を示す。

スコットランドの丘陵、丘が続く穏やかな地形である。そこで飼育される羊の毛の色は白のみならず、黒、茶など世界のどこにもいない珍しい様々な羊種が７０種類以上もあると言われている。普通見慣れている例えば、メリノ羊の身体はほぼ白色であるが、英国の羊はそれぞれ特異な毛の色、顔をしている。一例として図２にブラックフェイスを示す。名前の通り、顔が黒色であり、山岳地方に住んでいる羊である。スコットランドはかつては交通事情がよくなかったので、他地域との交流が少なく、地域単位でその地域に住んでいる特徴のある羊毛を使用して地域ごとに個性的なTWEEDを織りあげ、これを自分たちの衣服に活用した。これがTWEEDの始まりである。まさに地産地消である。

図２　ブラックフェイス

③ ハリスツイードとは

様々なツイードの中で、最も著名なものがハリスツイードである。このハリスツイードの故郷はスコットランドのグラスゴーから北西部３００kmのアウターヘブリディーズ諸島の最北に位置するハリス島･ルイス島であり、この地で製織されたツイードをハリスツイードという。これらの島々では地場産業としてハリスツイードが織りあげられていたが、１９世紀にこの島を領有したダンモア伯爵夫人がそれまでは農民の日常着だったものを釣りや狩猟を行う貴族のカントリーウエアとして広めていったことに始まる。このダンモア夫人の努力により、２０世紀初めにはハリスツイードの黄金時代が訪れ、ルイス島では紡績工場が次々と建設され、この島では未曾有の好景気でにぎわった。しかし、爆発的な需要の増加に伴い、偽物が出回るようになった。この事態を憂慮して１９０９年にハリスツイード協会が設立され、１９１０年にはハリスツイードのマークが商標登録された。図３に登録商標を示す。この団体での役割はハリスツイードの基準に合格した生地に検印の意味で登録商標のスタンプやラベル、シリアルナンバーなどを管理することである。図４～６にハリスツイードの一例を示す。

図３　登録商標
（○内にシリアルナンバーが記載されている）

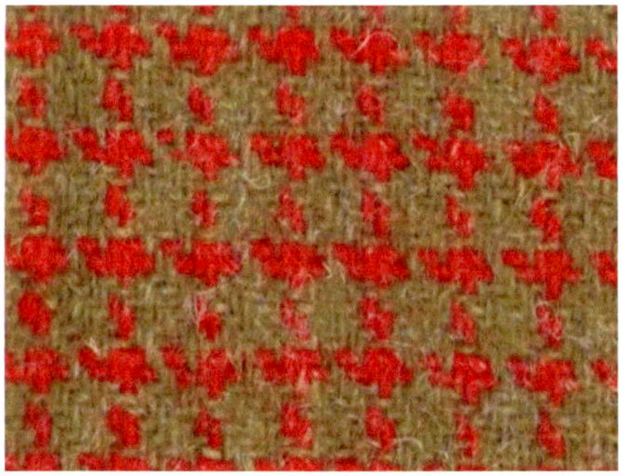
図４　ハリスツイード その１

図５　ハリスツイード その２

図６　ハリスツイード その３

ハリスツイードで使用される糸（紡毛糸）の大きな特徴は糸製造工程の初期段階、カーディングにおいて、主要な色の繊維塊に加えて、他の色相の繊維塊を投入している。これにより、目視では「一色」しか見えないが、よく目を凝らしてみてみると数種類の他の色相の色糸が混合されている。このように数種の色相を混合することにより、深みのある、奥行きのある色合いを表現し、着用した時には充実感に満ち溢れている。一例として図7に示す。左側は目視では、ほぼ赤紫色に見える。この糸を拡大してみると、緑色、黒色、黄色など、予想外の色の繊維が混合されていることがわかる。

手元にあるハリスツイード（前述の図5）を分解すると、織物組織は2／2斜文織、たて糸・よこ糸とも紡毛単糸、撚りはZ方向、見かけ番手は共通式番手1／5である。おおむね、「伝統的ツイード」の規格に適合している。

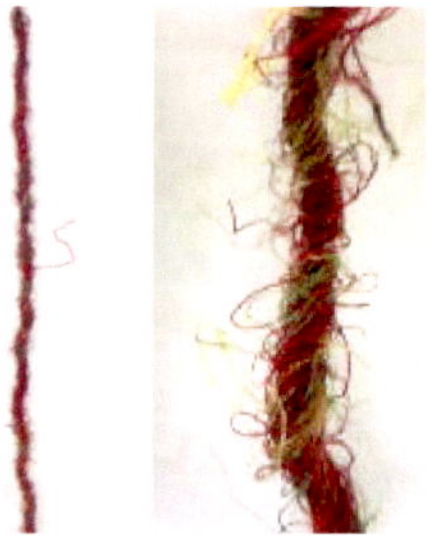

図7　ツイード用紡毛糸の特徴
（左：目視　右：拡大）

アウターヘブリディーズ諸島
Outer Hebrides

イギリスのスコットランド北西、大西洋に浮かぶアウターヘブリディーズ諸島。その中で最北に位置する島は、そのほぼ中央の境界線を区切りとして、ひとつの島の北側がルイス島、南側がハリス島と呼ばれている。
土壌は痩せた泥炭層から成り、寒風が吹き荒ぶために大きな樹は生育することができない。
ハリスツイードはこの様な厳しい気候の中で生まれた。

I　尾州ツイード、誕生から今日まで

1　ツイード黎明期

尾州地域ではいつごろからツイードの生産がはじまったか？ 図８は尾州地域で生産されたツイード単体、そして毛織物の代表であるサージおよび毛織物全体の生産金額を示したものである。当時、すでに尾州地域では毛織物生産が非常に盛んであり、その主流はサージであったことがわかる。「ツイード」の呼び方については「スコッチ･ツイード」と呼称されたり、別々に「スコッチ」または「ツイード」ということもあるので、ここではまとめて「ツイード」と呼称する。この統計によれば、ツイードは昭和５年は「－」、昭和７年には微量、全体のわずか１．０９％の生産額であったが生産されたことが確認された。このことから、尾州ではツイードは昭和６年もしくは７年に誕生したと思われる。図８で示したようにツイードの生産金額は僅かであったが、年を追うごとに増加していくことが理解できる。この状況をさらに具体的に図９で示す。昭和７年の生産金額を１として、他の年の生産金額との比を示したことでも激増ぶりがわかる。すなわち、毛織物全体およびサージそれぞれ、昭和５年から昭和１２年までの間で生産金額が２．２２倍、２．０３倍と増加している。しかし、これに比してツイードは図８に示したように金額は少なかったが、図９に示すように生産金額の比率は非常に著しく、わずか４年で１６倍以上を示している。

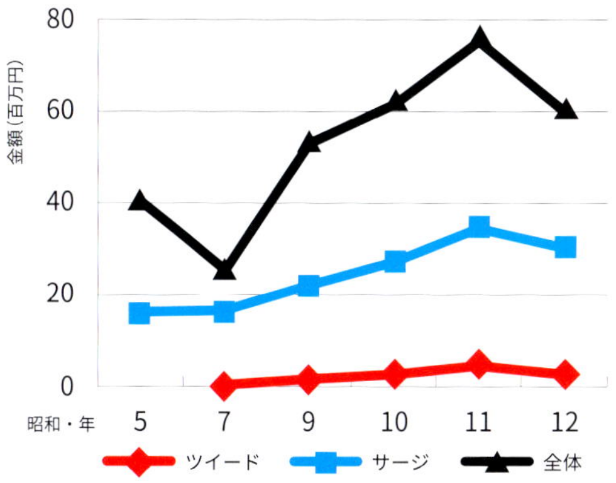

図８　尾州産地の生産量（ツイード、サージ、全体）

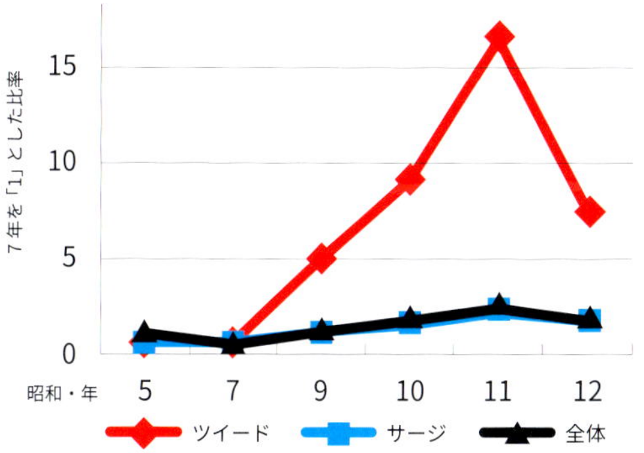

図９　昭和７年を基準とした生産高の推移

この急増の原因には、たとえば、①これまではツイードは輸入に依存していたが、製織技術･整理仕上技術の開発･高度化により、尾州でも生産が可能となったこと ②新しい国産織物素材であったこと ③これにより、いわゆる富裕層における消費者ニーズが増加したこと ④戦時色が濃厚となり、ツイードも含めて毛織物の輸入が減少したこと ⑤これを補うことも含め、生産量が急拡大した、とまとめる。

このツイードと当時最も生産量の多かったサージ､両者のメートル当たりの単価ではサージは２．４７円／ｍであった｡一方、ツイードのそれは４．００円／ｍでサージと比較して約１．７倍と随分高価な生地であった。（他の資料にも「ツイードは高級品である」との記述がある）。

幸いにも当時の生地を目にする機会を得た。図１０～１１に当時の英国と尾州の織物見本およびコメントを記す。残念ながら、尾州産ツイードはまだ、誕生間もなかったせいか厳しい評価がなされていた。

これ以降、戦時色が一層、濃厚となり、羊毛の輸入も減少し、ツイードを含め、毛織物の生産は減少し、工場は企業整備(昭和１５・１６年)、軍需工場へ形態を変化していった。

図 10　スコットランド ツヰ(イ)ード

本品ハスコツチノ本場タルスコツトランドノ製品ニ係リ国産品
ニ比シテ幾程ノ差アルカヲ比較研究サレンコトヲ望ム

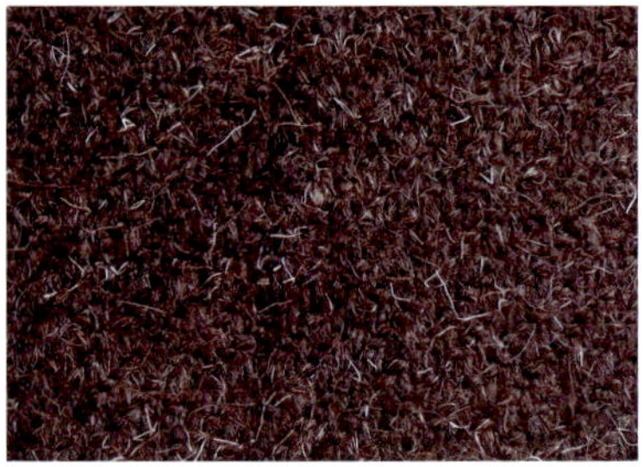

図 11　尾州ツヰード

本品ハ国産ツヰードトシテ外観上舶来品殊に本場ノ「スコッチツヰード」ニ比シテ此ヲ遜色ヲ認メザル様ナルモ其ノ風味ニ手触ノ点ニ於イテ尚幾多ノ遜色アルヲ遺憾トス又其価格ニ於イテモ国産ツヰードは割高ナルヲ免レズ

2 尾州ツイードの新しい夜明け

①新しいツイードの胎動

第二次大戦が昭和２０年に終結した。終戦直後の全国の羊毛工業の生産設備は、昭和１５年１６年と２度にわたる企業統合と比べて、梳毛紡績設備２３％、紡毛紡績設備が５８％、毛織機３６％、毛整理機５０％と大幅に減少していた。そのうえ種々の事情が加わって生産は著しく阻害された。昭和２０年の生産量をそれまでの最盛期と比べると、梳毛糸の場合５％（４４０万ポンド、約２００kg）にも達せず、紡毛糸でも１５％（９６０万ポンド、約４３５kg）であった。昭和２０年の生産量の割合が生産設備の残存の割合以上に低かったのは、原料・動力の不足のみならず、経営関係の混乱、労働力の低下などのためである。政府を中心とする総合的な繊維産業再建の動きがはじまったのは昭和２１年の後半であった。尾州ではどうか？ 昭和２０年９月に日本軍が軍用に保管してきた羊毛が放出されることになった。梳毛用４７，０００俵(6，４００トン)、紡毛用１２６，０００俵（１７，１４０トン）と数量はわずかであった。戦後、我が国を統治した連合軍（連合国最高司令部）はまず、最初に３０，０００俵（４，０８０トン）を民需向けに回した。１０月には羊毛輸入がＧＨＱより許可され、原料確保の道は開けた。尾州では戦前、軍服の生地を織っていた厚物向けの織機の薄物向けへの改造が急ピッチで進められた。といっても２１年の全国の織機は運転可能台数でわずか9，９９８台であったが、これに対して実際に稼働していたのはその３割以下であった。このことは原料不足によるものであった。したがって、屑の羊毛や家庭から集めた古繊維を原料とした紡毛織物から尾州産地の戦後は始まった。昭和２２年６月に梳毛織物の原料となる羊毛7，４８１俵(１，０１７トン)が四日市港に戦後初めて到着し､陸揚げされた。

【( )内は筆者加筆、１俵を３００ポンド(約１３６kg)として換算した】

図 12　戦後ツイードその 1

図 13　戦後ツイードその 2

図 14　戦後ツイードその 3

空襲により焦土と成り、我が国の行く末に大いに不安がいっぱいであったこの時期に、すでにツイードの生産が始められていた。この状況を羊毛原料の輸入の視点で説明する。運良く、当時の生地試料を撮影できる機会を得たので図１２～１４に示す。この試料は非常に貴重であり織物分解することはできないので目視で色使いと柄（パターン）の大きさ・変化を示す。色使い、柄、いずれも今日でも十分通用する企画である。当時としては、きっと紳士物にはあまり使われなかったであろう、お洒落な、ハイカラな色糸使いである赤紫あるいは赤橙、緑色が差し色として用いられている。

図１５に昭和２０年～昭和４０年までの全国の羊毛の輸入状況を示す。ほぼ一直線に輸入量が増大している､すなわち､我が国はもとより､尾州産地においても毛織物産業が大いに繁栄したことを示している。

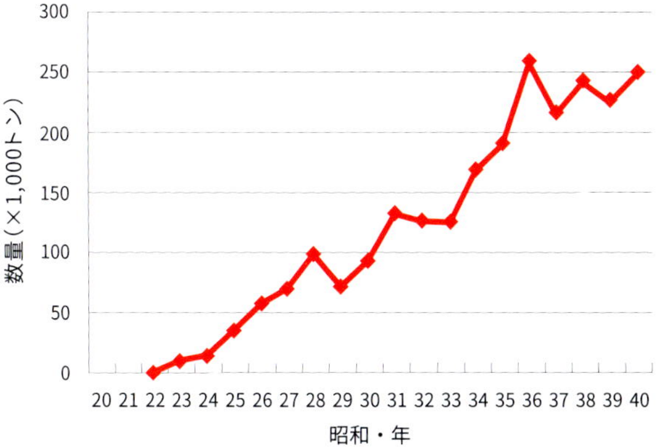

図 15　昭和 20年からの羊毛輸入量

②テキスタイル・マテリアルセンター所蔵品から

岐阜県羽島市にある岐阜県毛織工業協同組合併設の施設に「テキスタイル・マテリアルセンター」がある。この施設にはあらゆる繊維素材で製織・製編された約１０万点の布ハンガー見本等が所蔵・整備されている。この施設で「ツイード」もしくは「スコッチ」と記載されているハンガー見本３６点を収集した。いわゆる、ツイードのお手本そのものの資料もあれば、色使い、柄、手触りなど随分アレンジされたと思われる資料もある。制作された時期はハンガー見本には記載されていないが、生地の雰囲気等から判断して昭和５０年～昭和終期と推定される。主な３点を図１６～１８に示す。

図 16　マテリアルセンター所蔵 その 1

図 17　マテリアルセンター所蔵 その 2

図 18　マテリアルセンター所蔵 その 3

③尾州産地での活動

ＦＤＣ発行の会員向け定期月刊誌に「テキスタイル＆ファッション（Ｔ＆Ｆ)」がある。Ｔ＆Ｆ掲載のいわゆる、従来からのツイードを図１９～２１に示す。加えて、Ｔ＆Ｆによれば、２００３年から２００４年秋冬にはツイードが売れ筋素材として「ロービングツイード、リングツイード、ネップツイード、スラブツイード、シルクツイード」など幅広く展開されたと報告している。

また、業界の動きとして「２０１０/２０１１秋冬シーズン」から尾州産地の６社が「尾州ツイード研究会」を結成し、ウール素材を中心に尾州産地の意匠力、技術力を駆使した斬新な素材の提案がなされていた。

図19　T&F その 1(1987.11)

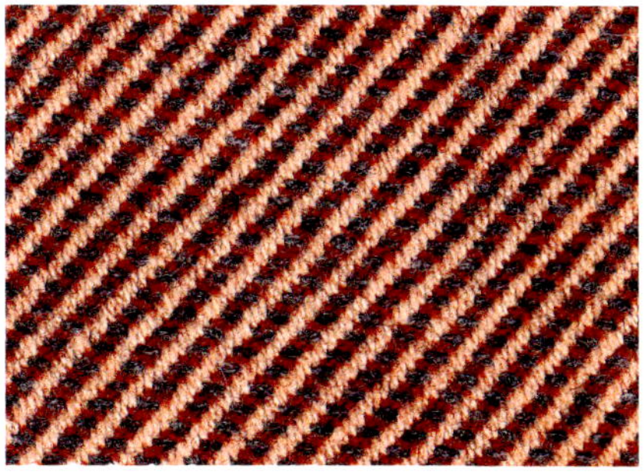
図20　T&F その 2(1988.10)

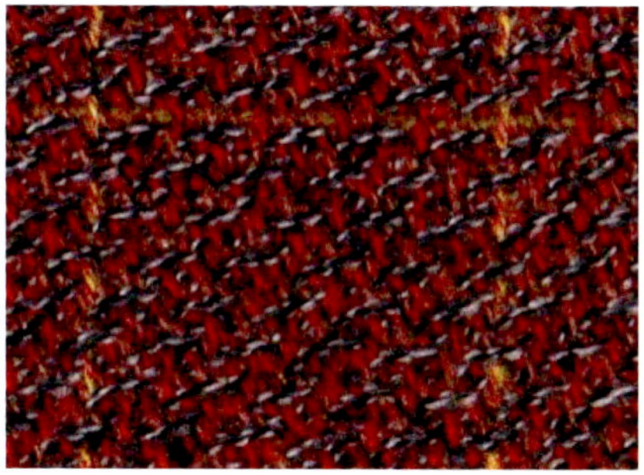
図21　T&F その 3(1991.9)

④今日のツイード、ファンシーツイード

従来のツイードとは別に「ファンシーツイード」と呼ばれるツイードが新素材として昭和末期から平成初頭に登場し、今日では主要なテキスタイルアイテムとなっている。Ｔ＆Ｆにはその時期の旬の生地試料が添付され、そして生地を構成している諸元（素材、たて糸、よこ糸、糸番手、織密度など）、および生地の消費性能についても調査され、その結果をまとめている。月１回の発行で毎月１０点以上の生地が紹介されている。

Ｔ＆Ｆでは「ファンシーツイード」という名称の付いた生地が初めて登場したのは１９８６年(昭和６１年)である。その生地を図２２に示す。以降、検索すると毎年数点掲載されており、主要なファッショントレンドの１つと位置づけられている。なお、「ファンシーヤーン」は意匠糸のことであり、ネップ、スラブヤーンなど糸に装飾効果を付加させたものである。ファンシーツイードはこの装飾的な糸をたて、よこに用いて製織し、最後の整理仕上げ工程では縮絨を行っていない織物にまとめる。

Ｔ＆Ｆに掲載されている資料をすべて調査した。その結果、従来からのツイードはもとより「ファンシーツイード」がいくつも収集されていたので図２３～２５に示す。

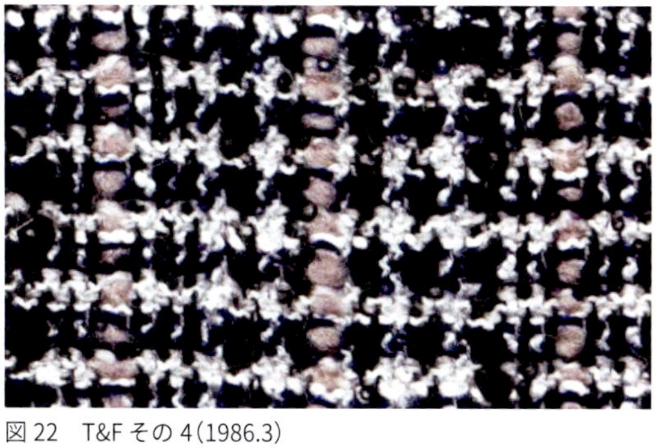
図22　T&F その 4(1986.3)

図 23　T&F その 5(1991.6)

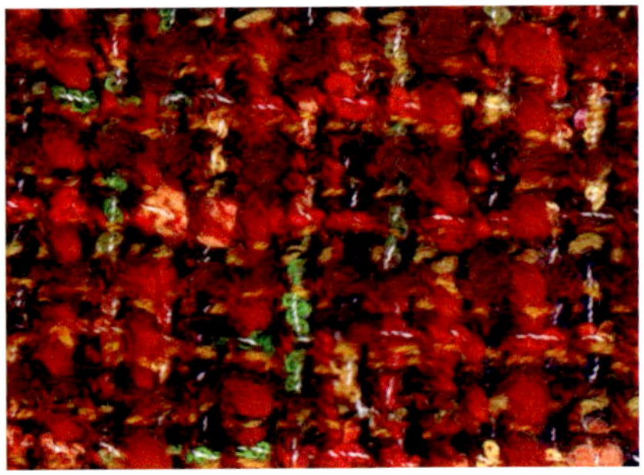

図 24　T&F その 6(1993.4)

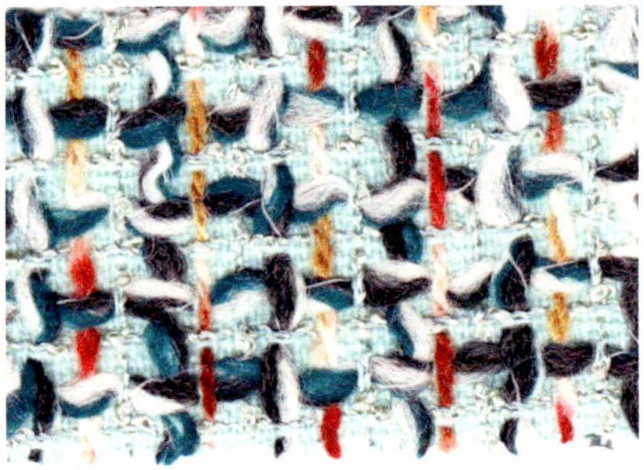

図 25　T&F その 7(1997.12)

II そして未来へ

複数の色糸を微妙にミックスする糸製造工程から始まり、製織の各工程で人手を惜しまず手をかけた「ツイード」は、「違いの分かる大人世代」にオフタイムの最高のお洒落着として愛用されてきた。近年この「ツイード」の良さが若い世代にも認識されて愛用者が増えている。昨年一宮で開催された「ツイードラン尾州」では、熟年世代と若い世代が共に「ツイード」をお洒落に着こなし交流を楽しむ光景が見られた。

お洒落をする事、これは我々人間のみに与えられた特権である。自分の気に入った洋服に出会い、初めて袖を通すあの瞬間の一瞬は何物にも代えがたい感動である。
みなさんお洒落をしましょう。
Dressing is a way of life　服装は生き方である。- Yves Saint Laurent -

注：現在、Ｔ＆Ｆはメール・マガジンに衣替えしており、収集生地のコーナーは（１９８４年4月～２００５年3月）の間掲載されていた。

参考資料

１）鈴木　貴詞氏所蔵品

２）渡邊　輝彦氏所蔵品

３）現代織物解説集（昭和５年、紡織雑誌社）

４）毛織物の解説、繊維機械研究会 (昭和２６年、繊維機械研究会)

５）日本羊毛工業史、政治経済研究所（昭和３５年、東洋経済新報社）

６）糸ひとすじ－大同毛織の歴史とその中における栗原ウメ－（昭和３５年、大同毛織株式会社）

７）愛知県特殊産業の由来、東海地方史学協会（昭和５６年復刊、東海地方史学協会）

８）日本長期統計総覧第３巻（昭和６３年１月、日本統計協会）

９）British Sheep ＆ Wool（２０１０，British Wool Marketing Board）

１０）ハリスツイードとアランセーター、長谷川清美（２０１３.４、万来舎）

１１）テキスタイル＆ファッション（１９８４年4月～２００５年３月、財団法人一宮地場産業ファッションデザインセンター）

１２）株式会社エルトップ企業紹介（平成２８年3月１２日、富士吉田せんいサミット配布資料）

一宮地場産業ファッションデザインセンター（ＦＤＣ）は、年２回東京で開催する尾州マテリアル展をはじめとしてジャパン・ヤーン・フェア（ＪＹ）やジャパン・テキスタイル・コンテスト（ＪＴＣ）、そして研修事業等、尾州を支援する活動を精力的に行っています。
今写真集では２０１５年１０月に行われた２０１６年秋冬展の模様を紹介します。
ＦＤＣが展開する様々な活動については写真集１を是非ご覧ください。

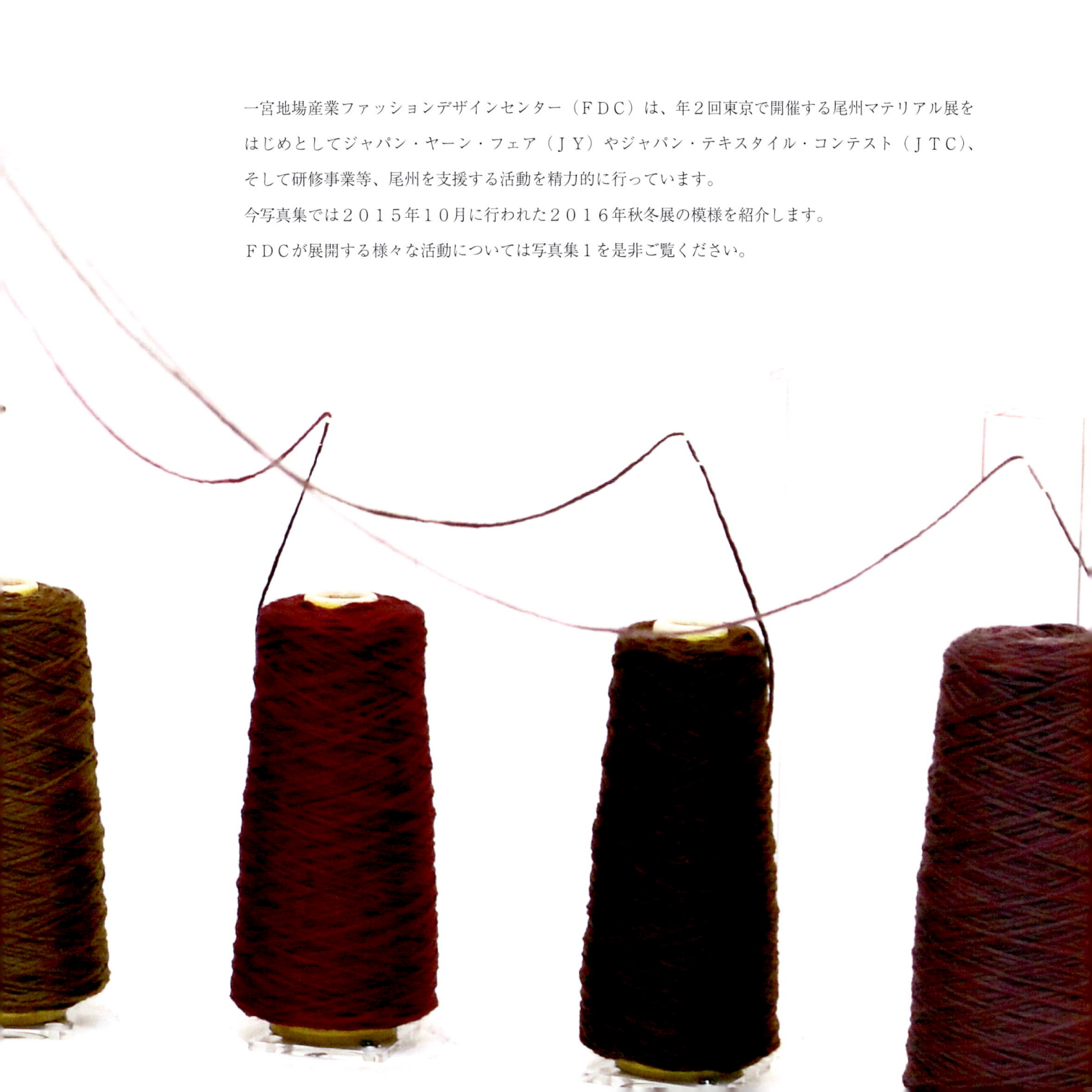

2016/17 Autumn＆ Winter Bishu Material Exhibition
JAPAN YARN FAIR in Tokyo

尾州マテリアル展（ＢＭＥ）

尾州産地単独での展示・商談会ＢＭＥが一宮地場産業ファッションデザインセンター（ＦＤＣ）主催の下に年２回東京で開催され､今回は２２回目を迎えた｡「オール尾州」で結束したプロジェクトチーム１６社が､トレンド情報や消費者ニーズを共有し､それぞれの強みを活かして開発したクオリティーの高い素材を数多く展示した。

尾州が得手とする紡毛素材が、来秋冬もファッショントレンドとして継続すると見込まれる。

アパレル企業や商社に加えて小売業の来場者も増えて、素材選定に向けた活発な商談が繰り広げられた。「魅力あるアパレル商品は素材が重要」との認識の高まりを反映している。

ジャパン・ヤーン・フェア・イン・東京（ＪＹＴ）

今回、ＢＭＥ会場内に「JAPAN YARN FAIR in Tokyo」エリアを設けることにより、糸業者１０社がブース出展し、商品のアピールや商談を行った。毎年２月に一宮市総合体育館で開催しているＪＹは、全国から約５０社の糸業者が出展し、会期中には4，０００名以上の来場者数を記録するなど、唯一の全国規模の糸の展示商談会として定着している。以前より出展企業並びに顧客から東京での展示会開催要望が多かったのに応えたもの。

この展示会を通して、尾州産地全体をアピールし、産地イメージの高揚に努め、出展企業だけでなく産地全体として更なる顧客獲得を目指していく。

展示会の初日にはアペリティフ・レセプションが行われ、出展者や来場者が集う楽しい情報共有の場となった。

経済産業省の寺村繊維課長にも出席いただいた。

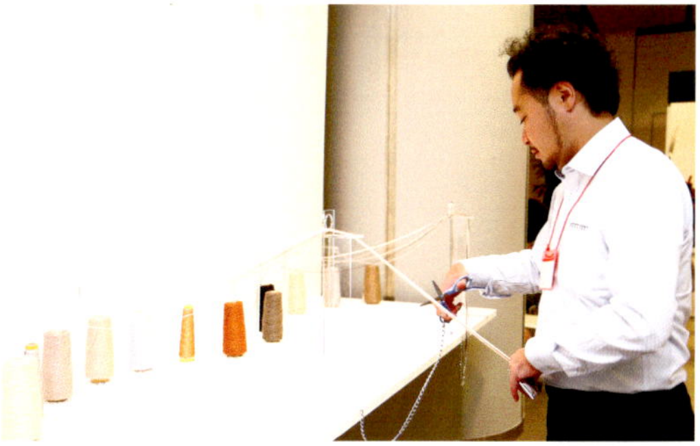

WILD FOREST

深喜毛織株式会社
モリリン株式会社
佐藤繊維株式会社
豊島株式会社

WILD FOREST

ご自由に
お持ち下さい

茶久染色株式会社&浅野撚糸株式会社
クラウン工業株式会社
写真撮影は
ご遠慮ください

宮田毛織工業株式会社
式会社ソトージェイテック

株式会社長谷川商店
Ace

THE TWEED RUN BISHU

【ツイードラン尾州２０１５】

毛織物ツイードの衣装でサイクリングを楽しむ「ツイードラン」。本場ロンドンの「THE TWEED　RUN」の日本公認行事は東京と名古屋の開催の二つ。このほど愛知県一宮市で行われた「ツイードラン尾州２０１５」は、このうちの名古屋開催を初めて、ウールの産地、尾州の中心である一宮に替えて行った。

■事業の意義と今後の展望　栗野実行委員長

Tweed Run(TR)は、‘ツイードの服を着て自転車に乗り街を走る’という内容ですが、日本での開催では発祥地以上に意味を持ちたいと思いました。それが服を着る場の提供、自転車走行のモラルの啓蒙、街乗りの楽しさの発見です。TR尾州は日本ツイードの産地を廻る内容でしたが、結果、生地メーカー、アパレル、小売業、そして消費者との交流も生まれました。今後も日本各地で開催し、土地の魅力の掘り起しと交流が広げられたらと考えています。

（左：中島副実行委員長　右：栗野実行委員長

■中島副実行委員長

Tweed Run とはツィードをお洒落に着こなし自転車で楽しく街を走ることを目的にしたイベントです。Tweed Runを通して私たちが作っている尾州ツィードの素晴らしさを直接消費者へアピールしていきたい。また今後は東京・名古屋などの大都市だけでなく全国の歴史ある街を訪ねてみたい。

■森実行委員

ツイードを着て自転車に乗り街を流す事により、いつも過ごす街をもっと身近に感じられます。色々な音、匂い、温度等を肌に感じます。
そして何よりもツイードという洋服の持つ力、気持ちを遊ばせる力に気付かされました。さらに多くの方々に、この気持ち良さを感じて頂きたいと思っています。

（森実行委員）

The TWEED RUN Bishu
TWEED RUN
ロンドン生まれの
The Tweed Run
11/7（土）
Tweed Run Bishu 2015
開催が決定!!
SATURDAY 7 NOVEMBER 2015 IN BISHU
11/7（土）に Tweed Run Bishu 2015を実施致します
Tweed Run Bisyu が掲げる５つのこと
「Tweed Run Bisyu 2015」について
キャンペーン・フォー・ウール URL: http://www.campaignforwool.org/ #woolweek #woolmark
本件に関するお問い合わせ・お申込み先 Tweed Run Bishu 実行委員会 Mail : info@tweedruntokyo.com URL : http://tweedruntokyo.com/

一般受付

The TWEED RUN Bishu

名古屋539
ろ・9 99

The
TWEED RUN
Bishu

96

The TWEED RUN Bishu
90

the
TWEED RUN

尾州産地座談会

世代を超え着られるツイード

ツイードラン尾州に参加された栗野委員長、寺村英信経済産業省繊維課長と中野正康一宮市長に加え、産地を代表して早川隆雄毛工連理事長の４名にお集まりいただいて、楽しいイベント終了後に座談会が行われました。

繊研新聞社　浅岡編集委員の当意即妙の司会により、４名の方々には日本産テキスタイル・尾州産地の今後について大いに語っていただきました。紙幅の関係から本書には掲載誌面※の抜粋を転載しましたが、熱い議論が交された様子を充分にお汲み取りいただけると思います。

ご諒解いただいた繊研新聞社には厚くお礼申し上げます。

※ 2015年 12月3日付　特別企画記事

栗野宏文氏
ツイードラン実行委員長
（ユナイテッドアローズ上級顧問）

寺村英信氏
経済産業省繊維課長

中野正康氏
一宮市長

早川隆雄氏
日本毛織物等工業組合連合会（毛工連）理事長

「世界への売り出し方に工夫を」中野

早川「人材投資、販路開拓が重要に」

中野正康氏

早川隆雄氏

現場を再発見

―― 一宮でツイードランが行われましたが。

中野　２月に一宮市長に就任しました。半年余りですが、自転車で２０㌔余りの道のりを楽しみました。途中で伝統的な建屋で最高級紳士服地を生み出している機屋さん、毛織物の表情を作り出す染色整理さんなどを見学して、この地域で作り出しているモノに触れて、今一度誇りを持ったという感じです。

寺村　せっかく毛織物産地、尾州に来ましたので、思いもよらない素材や製品に触れたいと思っていました。今回走ってみて、産地には〝何か〟があると、改めて認識しました。産地をあちらこちら立ち寄って大変良かったなと感じています。

栗野　ツイードランを尾州で行う目的の一つは物作りの場に触れることもありました。今回は自転車で回ることで、ツイードを生み出している物作りの現場を再発見して、大変良かったと感じています。サイクリングの途中で、産地の人だけでなく、地元の一般の人からも沿道で歓迎されました。尾州産地が地元の人に愛されていることを感じました。

国産にニーズ

―― 尾州の物作りについてどうお感じになりますか。

早川　尾州産地が得意としているウール生地は、

競争相手である中国と競争し、尾州から中国へとウールの生産機能が移転したというのが、この２０年間だったと思います。

しかし、ここにきて風向きが変わりました。中国の生産コストの上昇や、円安に振れる為替相場。

いずれにしても、もう一度国産のウール、尾州産の生地をという要望が高まってきました。

寺村　日本の物作りが潮目の変化を迎えていると実感しています。日本の素材、デザインが海外で評価されてきました。

尾州には物作りのストーリーがあります。物作りの良さ、着やすさなど、もっと消費者にアピールしていければと思います。

自然のままに

――ツイードに代表される「素材の力」についてどうお考えでしょうか。

早川　ウールの先進地は欧州ですが、欧州は「ウールは天からの恵み」という考え方があります。つまり欧州はウールに手を加えない、自然のままを尊重するという考え方です。日本人はウールをさらに良くしようと努力してきました。ウールに何かを加えるという発想です。これが世界に誇れる素材技術になったと感じています。

栗野　古着屋さんの店頭では最終的には、最も素材の良いものが売れます。ビンテージとは、フランス語の「２０年」から来ています。２０年経っても着られる素材です。ツイードはもともと耐久性、耐摩耗性に優れた、長く着られる織物です。我々はもっとツイードという素材の力を実感しなければならないと思います。

良いもの大事に

――ベストドレッサー賞の女性のツイードジャケットは、お母さんが着ていたものでしたが。

寺村　私のこのツイードジャケットも、実は父親が着ていたものです。昨年のツイードランでも着たジャケットなのですが、良い服は長く着られるものだと感じています。

良いものは世代を超えて残っていく。そこを大事にしたい、すなわち日本の物作りをとにかく良いものにしていく。繊維行政としてはここを努力したいと考えています。

「“生地美人”避け売れる素材を」栗野

寺村「バリューチェーン構築がカギ」

使ってナンボ

――尾州の課題は何でしょうか。

早川　分業が高度に進んだ尾州ですが、逆に今はサプライチェーンが分断されているところがボトルネックになっています。

この分断されて機能していないサプライチェーンをいかに機能させて、もうかる産業にするか。これが課題です。このためには一つは人材投資や商品開発を続ける、二つ目には販路の開拓を行う。この二つが必要です。

栗野　日本の生地メーカーに共通する点があります。それは「生地美人」過ぎる点です。「生地美人」ではなく「服になってナンボ」という点に近づけていただければと思います。

寺村　中国に移転したこの２０年は、価格重視の時代でした。しかし今や潮目は変わりました。日本の外で作ることは有利ではありません。世界に輸出できる人たちと組んで、バリューチェーンを組むことができるか。行政としてはこのバリューチェーンの構築を支えていきたいと思います。

中野　この尾州という地域には、ポテンシャルがあります。ポテンシャルを引き出すには、世界への売り出し方が重要です。尾州産地の外への発信について、一宮市も協力していきたいと思います。

栗野宏文氏

寺村英信氏

尾州の生地で製作した作品

PROFILE

- 1980年　東京都生まれ。早稲田大学社会科学部卒業。大学在学中にバンタンデザイン研究所に通い服づくりをはじめる。
- 2003年　「アンリアレイジ」として活動を開始。
- 2005年　ニューヨークの新人デザイナーコンテスト「GEN ART 2005」でアバンギャルド大賞を受賞。
- 2005年　06S/S より東京コレクションに参加。
- 2011年　第 29 回毎日ファッション大賞新人賞・資生堂奨励賞受賞。
- 2012年　個展「A REAL UN REAL AGE」(パルコミュージアム / 渋谷)
- 2013年　「フィロソフィカル・ファッション 2 : A COLOR UN COLOR」(金沢 21 世紀美術館・石川) を発表。
- 2014年　15S/S よりパリコレクションデビュー。
- 2015年　DEFI（フランス服飾開発推進委員会）主催の「ANDAM fashion award」のファイナリストに選出。

ANREALAGE《アンリアレイジ》

デザイナー　森永邦彦

ファンシーツイードを素敵に着こなす人達

モデル

中野 万知子さん

中島 温子さん

立居場 愛さん

鳩山 佳江さん

(撮影協力 GARLANDS)

中野　万知子さん

これまでのツィードは重たいイメージでした。
今回のジャケットは、袖を通した感覚や着心地も軽くデザインも素敵でどんなシチュエーションにも合わせられるものでした。
こんな明るいイメージでも着られる尾州ツィードがもっといろんな方に広まることを期待してます。

中島 温子さん

五着とも個性のあるデザインで、その表現の幅に驚きました。
着用した時も、決して重くなく、軽やかで心地よかったです。
もっと多様なツイードが出てきて、それによって多くの方々に着て頂けるようになればいいなと思います。

立居場　愛 さん

自身でデザインした生地を森永氏に製品化して頂き、それを自ら着用することで改めてニットアウターの軽さや着心地の良さ、そしてウールという素材のもつ暖かさを知ることが出来ました。今後もこの尾州という産地を、生地を通してアピールしていきたいです。

鳩山　佳江 さん

一宮で生まれ育った私にとって、尾州の織物は、故郷そのもの。尾州産ツィードのジャケットを身に纏ってみると、女性としての品格を与えられた様で、誇らしく、凛とした気分になりました。尾州産ツィードの素晴らしさは、世界中の人々を虜にしてしまいそうですね。

株式会社 ミロス

白と黒（中野さん着用 - P94左上）

ラッセルヤーンなど、オリジナルで作り込んだ糸を使っています。
当社は、糸を考えるとき、ジュエリーの形状を参考にします。
この生地は１３種類の糸から出来ていて、その内一つは原料から特別注文しています。ナイロンフィラメントフィルムラッセルで宝石感を出しています。
現在は、お客様からの要望や、自分たちの企画でもその要望が叶うこの尾州の機能、環境を有り難いと思っています。
原料、染色、撚糸、機屋、整理、補修、この分業が健康であることがいつまで続くか心配しています。
技術は熟練していていますが、体力的には弱ってきていることを危惧しています。

岩田健毛織株式会社

ブルー（中野さん着用 - P94右上・右下）

このようなファンシーツイードの生地は、尾州の能力が問われるような生地だと思います。糸作りからこだわり、12種類の糸は同じ撚糸屋さんで作られたものではありません。
原料、糸、撚糸、染め、織り組織、織機の選定も必要になってきます。
組織も難しいです。尾州の持っているいろいろな技術を組み合わせている商品で、何処ででも出来るものではないと思います。
そして今特に、オリジナルの生地をいかに作れるかが求められていると思います。
海外でも通用するように技術を高めていく必要があると感じています。
そのためには、設備を整えていき、職人の手を借り、技術の集約があって作られるものを発展させていきたいと考えています。そして、今成り立っている分業制を継続するために、どう維持工夫するかも大切な課題です。

渡六毛織株式会社

紺（中島さん着用 - P95）

多品種な糸を使った織物で、かすり染めのラメ糸を使っています。沢山入れるとギラついてしまうので、少量入れるのがポイントです。そうすると、光るだけでなく、高級感やミックス感が出てきます。

ピンク（鳩山さん着用 - P97）

ニットです。
春夏商品で、ショートパンツにしてもいいイメージで作りました。
落ち感があり、ヨコにもタテにも斜めにも動きがあります。
糸から企画し、かすり染めの糸を使って作っています。
糸は撚糸で形状を変えています、そうする事で、カラフルになるし、ミックス感を出せます。

宮田毛織工業 株式会社

代表取締役社長　宮田智司

ニット業界の最前線で培ってきた確かな実績
顧客ニースに対して、迅速かつ的確にお答えする豊富なノウハウで国内はもとよりＵＳＡ、ＥＵ、ＣＨＩＮＡ、向けアパレル様（Marc by, J Crew, CK, Boss, Burbury, アマス, etc）とウール素材や高機能素材を利用した商品を納入させて頂いております。
私たちはこれからもニットを通じて常に新しいものを探求しお客様と共に考え新しい価値を創造してまいります。
この生地に用いたニュージーランドウールは動物愛護の観点からノンミュールジング原料を使用しており、且つ、尾州産地での紡績・編み・整理にこだわった「MADE IN BISHU」のニットツイードです。

（上下お揃いのものを P96で立居場さんが着用）

株式会社 ソトー

取締役営業管理担当 兼 テキスタイル管理部長

株式会社 ソトージェイテック

代表取締役　濵田光雄

モノづくりというのは、どこまでいっても人が大事です。
我が社はそれを行動に移していて、若い人を採用しています。
働き手として、６０歳以上の方もいらっしゃいますが、この産地や産業を継続していくため、技術の伝承に取り組んでいて、撚糸、ワインダー、整経、各段階を社内で継承しています。

そして、モノづくりに携わる人の想いを大切に伝えていきたいとも考えています。
最近、ベテランから若い人へ、このモノづくりの思いも繋がってきていると感じています。

■ 写真解説①

▶P8

木曽川の豊富な水資源が尾州産地を支えている。

▶P9

田植えが終わった田んぼとのこぎり屋根。

▶P10

稲刈りの頃の田んぼとのこぎり屋根。

▶P11

桜とツインアーチ１３８（イチノミヤ）
高さ１３８ｍの展望台は一宮市のシンボル。

▶P12

豊川染色 株式会社
羊毛を染める前、釜に水を入れ、そこから温度を上げ、染料を入れ染めていく。

▶P13（上）

橋本毛織 株式会社
トップ染め※の釜に染料を入れる。

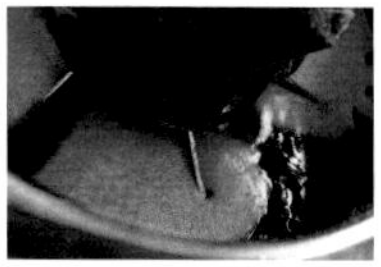

▶P13（下）

豊川染色 株式会社
釜の中の染料。

▶P14（上）

橋本毛織 株式会社
黄色く染まったトップ。

▶P14（下）

橋本毛織 株式会社
染めたトップを乾燥機にかける前に、乾燥し易いよう手でほぐす。

▶P15

豊川染色 株式会社
昭和３６年創業の染色工場。

▶P16

豊川染色 株式会社
釜からあがる蒸気に光があたる。

▶P17（上）

豊川染色 株式会社
乾燥機から出てくるトップ。

▶P17（下）

豊川染色 株式会社
色調整をする職人。

▶P18

大和紡績 株式会社
羊毛を手に持つ。

▶P19

ツインアーチ１３８展望台からみる濃尾平野
ここに尾州産地が広がる。

▶P20-21

大和紡績 株式会社
ミュール紡績機を操作する職人。
この紡績機は、国内にも数台しかない。

▶P２２

大和紡績 株式会社
糸になる前の状態、スライバー※。
ここでは、たたみフェルトと呼ばれる。

▶P２３

大和紡績 株式会社
調合ボックス　指定の色の綿（わた）※を混ぜながらこの部屋へ入れる。　機械の一部

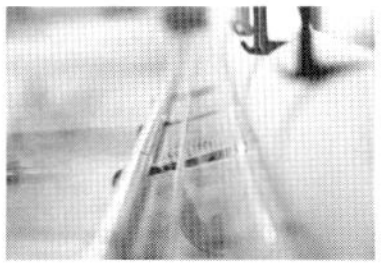

▶P２４-２５

大和紡績 株式会社
工場全体は明るく広い。同じリズムで何度も撚りを掛ける機械。羊毛が糸になっていく様子は本当に美しい。

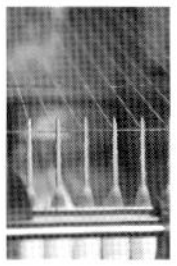

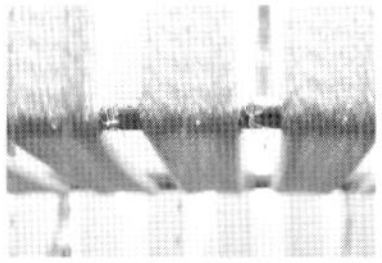

▶P２６-２７

有限会社 捲春（まきはる）
ファンシーヤーン（意匠撚糸）※の製造。
ファンシーヤーンは尾州産地の持つ大きな特徴であり魅力。
様々な工夫を凝らしオリジナリティー溢れる糸を作り続けている企業も多くある。

▶P２８-２９

丸宗撚糸
ツイード用の糸の撚糸。撚糸で糸の個性を出す企業も大変多い。
ループ、リリアーン、ラッセル等々、その世界は計り知れない。
取引先は衣服だけにとどまらず、工業製品、インテリア、カーシートなど多岐にわたる。

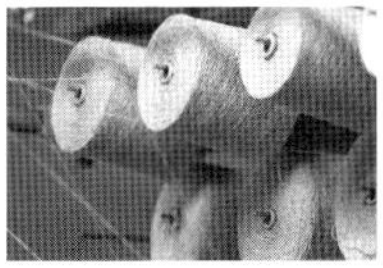

▶P３０

稲刈りとのこぎり屋根。

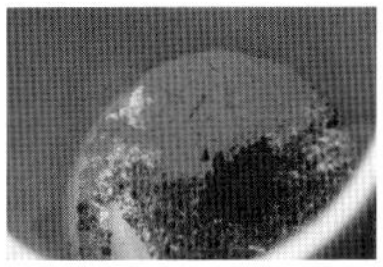

▶P３１

レインボー 株式会社
色鮮やかな染料。様々な色をいろいろな割合で混ぜ、目標の色を作る。

▶P３２（上）

レインボー 株式会社
染料を計る専用の部屋がある。染料は粉末なので作業員はマスクをし静かに粉末を計りに乗せる。この部屋の床は長年染料が沁み込み黒光りしている。

▶P３２（下）

匠染色 株式会社
朝１０時の北光線が色を正確に観られるという。
その光を人工的に再現した光源の元、色を調整する。

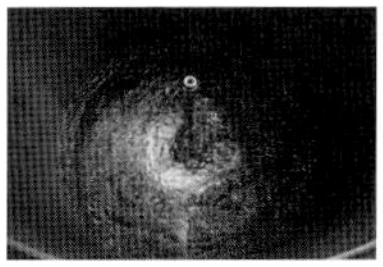

▶P３３（上）

匠染色 株式会社
チーズ染め※の釜に水をためる。

■写真解説②

▶P３３（下）

匠染色 株式会社
釜に染料が満たされ、糸を染める。

▶P３４（左）

匠染色 株式会社
チーズ染めの後、大量の水がこぼれる。

▶P３４（右）

匠染色 株式会社
チーズ染めの様子。大きな釜の底からいくつもの気泡が上がってくるようすは見ているだけで楽しい。

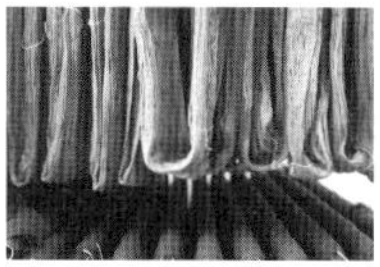

▶P３５

一陽染工 株式会社
綛（かせ）※染めの後、乾燥されている様子。

▶P３６

尾州産地のシンボル　のこぎり屋根
ギザギザした屋根の形が、のこぎりの歯に似ているということで尾州ではこの形状をした工場のことをこう呼ぶ。北からの光線は朝から夕方まで一日中大きく色の変化がないため、窓は北側を向いていることが多い。時々西を向いているのこぎり屋根もある。

▶P３７

四葉織房 有限会社
織機にツイードの糸が掛けられている。

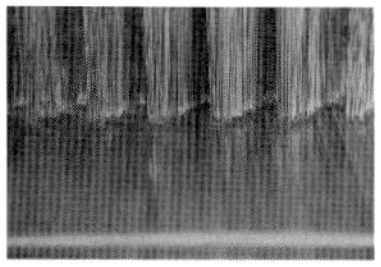

▶P３８（上）

岩正毛織
ションヘル織機※に張られた青い経糸（たていと）今も多くの機屋（はたや）さんが、何千（多くて８千本）という経糸を手で通している。それだけを専門にしている人もいる。尾州では細かい分業制が成り立っている。

▶P３８（下）

宇佐美毛織
ファンシーツイード※の経糸。

▶P３９

四葉織房 有限会社
織機に掛かるチェックのツイード。

▶P４０（左）

ションヘル織機に掛かる婦人物のツイード生地。

▶P４０（右）

宇佐美毛織
レピア織機※で織られているファンシーツイードの反物※。この生地はＰ９４のプールサイドの写真の女性が着ているジャケットのもの。

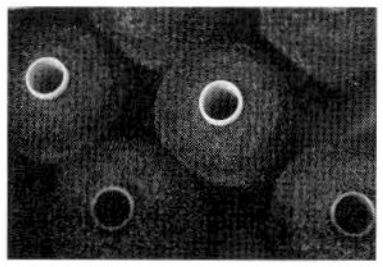

▶P４１

宇佐美毛織
ファンシーヤーン　美しくラメが光っている。深い闇に浮かぶ銀河のようだと思った。

▶P４２（上）

真っ赤なファンシーヤーン緯糸
尾州は婦人物生産が 60%を占める。

▶P４２（下）

服部毛織
色とりどりの糸。

▶P４３

四葉織房 有限会社
ツイードの糸が織機にかかる。

▶P44

岩正毛織
職人の手。

▶P45

岩正毛織
２台のションヘル織機で織られるツイード。
この工場には４台ションヘル織機が現役で動いている。

▶P46

四葉織房 有限会社
経糸の準備をする職人。
優しい光が手元を照らす。

▶P47

岩正毛織
この道５０年の職人。

▶P48

中伝毛織 株式会社
エアージェット織機※の緯糸を飛ばす装置。

▶P49

長大 株式会社
若い職人の手。

▶P50

服部毛織
ファンシーツイードを織る様子。

▶P51（上）

四葉織房 有限会社
チェックのツイード。

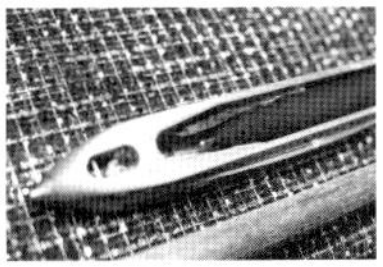

▶P51（下）

土田毛織
織機にかかるツイード生地と、シャットル。

▶P52-53

宮田毛織工業 株式会社
丸編機。
編機でもツイードライクな生地が生産できる。

▶P54-55

愛知県一宮市と岐阜県羽島市を結ぶ
濃尾大橋（のうびおおはし）
尾州産地における交通の要。

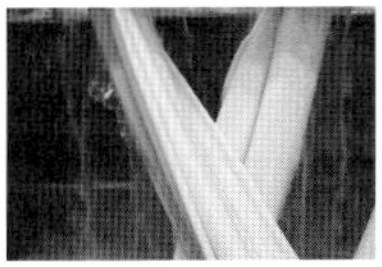

▶P56

株式会社 ソトー
整理加工工程。
反物を洗っている様子。

■ 写真解説③

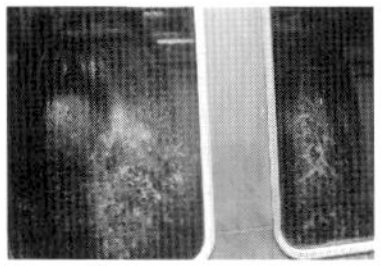

整理加工工程とは、原反（げんたん）※を衣料素材に変える工程。
色の着いていない反物を染めたり、洗ってわざと縮めたり、蒸して膨らませたり、余分な毛羽を焼き切ったり、逆に毛羽を出しその向きを揃えたりして、様々な布の表情を出す技術。
この工程を通らない反物は一反もない。

▶P57（左）

株式会社 ソトー
様々な素材の反物がある。その素材に合わせ工程も様々。この反物は柔らかく仕上げられていた。

▶P57（右）

株式会社 ソトー
同じ織りで色違いのツイード。
これから皺を伸ばされる。

▶P58-59

株式会社 ソトー
様々な顔の生地がある。
一日中工場の中を見て回りたい。

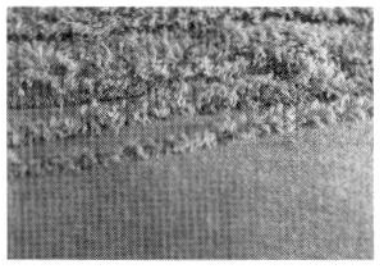

▶P60-61

株式会社 ソトー
幅や長さを調整しながら皺も取っていく。

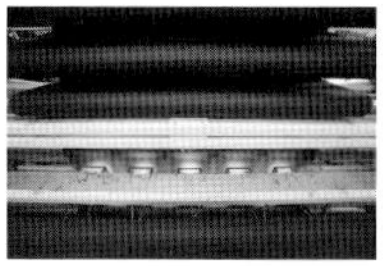

▶P62

株式会社 ソトー
色鮮やかなツイード。

▶P63（左）

匠整理 株式会社
折りたたんだときに皺にならないよう、反物を優しく前後に振りながらたたんでいく。

▶P63（右）

匠整理 株式会社
同じ柄で色違いのツイード。

▶P64

匠整理 株式会社
美しい色合いのツイードの反物。

▶P65

株式会社 ソトー
反物を縫い合わせる特殊なミシン。

※トップ

原毛（羊毛）を洗い、土砂や糞尿などを除き、ある程度梳いたもの。

※スライバー

紡績の中間工程で、繊維の長さをそろえて平行に並べたひも状の繊維の束。これに撚（よ）りを加えて糸にする。（大辞林 第三版）

※綿（わた）

羊毛や、綿、合繊など、糸にする前のいろいろな素材のことをこう呼ぶ。

※ファンシーヤーン（意匠撚糸）：飾り糸

①外観・撚（よ）り方などに趣向をこらした装飾用の撚り糸。

②織物の縁や畳んだ反物の表面に綴（と）じつけた装飾用の糸。（大辞林 第三版）

③太さ、色、長さ、張力などを異にする糸から作ったより糸。
（fashion-heart.com）

※チーズ染め

糸を管に巻きチーズのような形にして染めることをチーズ染め、という。
Ｐ９８の左隅にある写真のような形状。

※綛（かせ）

紡いだ糸を、一定の長さや、一定の枠に巻いて束ねたもの。かせいと。
（大辞林 第三版）

※ションヘル織機

シャトル織機のこと。
シャトル(杼ひ)に緯糸(よこいと)を装填し、動力で飛ばし布を織っていく機械。
シャトルが往復するため、緯糸が切れずに布を織っていくことが出来る。
「ションヘル」とは、昔シャトル織機を製造していたドイツの会社名で、尾州ではこの織機のことをションヘル織機と呼ぶのが通常になっている。
１分間に約８０回、緯糸を打つ。

※ファンシーツイード

ファンシーヤーンで織られたツイードのこと。

※レピア織機

無杼（むひ）織機の一種。緯（よこ）入れにバンド状またはロッド状のレピアと呼ばれる部品を用い、その先端で緯糸をつかんで緯入れする織機のこと。
様々な種類がある。

※反物（たんもの）

尾州産地では、反物は通常織機で織られている状態で　幅１５０cm、長さ５００cm を一反とする。
（その後整理加工工程を通ることにより、幅も長さも変化する場合もある）

※エアジェット織機

ドイツ ドルニエ社製　１分間に８００〜８５０回緯糸を打つ。

※原反（げんたん）

織ったり編まれたりしたままの反物。

ご協力頂いた企業名　（５０音順）

愛知羊毛工業 株式会社

アツミテキスタイル工房

一陽染工 株式会社

岩正毛織

岩田健毛織 株式会社

宇佐美毛織

有限会社 カナーレ

葛利毛織工業 株式会社

株式会社 ソトー

株式会社 ソトージェイテック

株式会社 滝善

匠整理 株式会社

匠染色 株式会社

大和紡績 株式会社

長大 株式会社

土田毛織

テキスタイルマテリアルセンター
（岐阜県羽島市）

豊川染色 株式会社

中伝毛織 株式会社

橋本毛織 株式会社

原田毛織工場

株式会社 ヒラノ

有限会社 捲春

丸宗撚糸

水谷プランニング

株式会社 ミロス

宮田毛織工業 株式会社

モリリン 株式会社

四葉織房 有限会社

ル アトリエ トオル

レインボー 株式会社

渡六毛織 株式会社

GARLANDS（ガーランズ）
GUEST HOUSE

あとがき

末松グニエ 文《あや》

長い間にわたり尾州の地で営われてきた地場産業の魅力を多くの方に知って欲しい、なにより自分がモノづくりの現場を見たい、と強く望み撮り始めた繊維産業。今回は森会長より"尾州ツィード"に焦点を当て取材をして欲しいと依頼を受け、早速動き出した。取材を進めるうちに発見があった。尾州は毛織物の産地、と言っても季節によって工場には様々な素材のものがある。綿、麻、シルク、合繊繊維など。そして、ツィードと一言で言っても様々な種類の糸から出来ていることも知った。中でもとりわけ尾州の魅力となり、特徴となっているのがファンシーヤーン（意匠撚糸）を織り込んで作られる"ファンシーツィード"。婦人物のジャケットやスーツなどに使われ、カラフルで高級感があるものが特徴だ。

尾州産地は B to B（企業間取引）の仕組みで成り立っている。しかもテキスタイル（布地）の製造だ。消費者には衣服の形になってからでないと尾州のモノづくりを知ってもらえない。そんな中、２００９年ロンドンで始まったツィードランが、２０１５年に毛織物産地の尾州で行われた。人は皆、衣服を身につけるが、それがどうやって作られているか知らない人も多い。このイベントは自分たちが思い思いのおしゃれを楽しみ、そしてその衣服の元になる布地の製造過程を見学出来るという素晴らしいものだった。多くの働き手が手間を掛け、長年培った技術を駆使し、これらの布地を生み出していると分かれば、自然と自分が購入する衣服への関心も高まり、きっと愛着も湧く。それが Made in Japan ならなおさらではないだろうか。

テキスタイル（布地）とアパレル（衣服）を繋ぐ。この本もそういう役割を担いたいと思って精進したつもりである。布地が衣服になり、消費者に届いて初めてその価値が認められたことになる。良さを知ってもらうには実際に着てもらわなくてはならない。尾州の生地で出来ている商品がどこで購入可能なのか、もっと消費者が気軽に知ることができたら良いと思う。B to B だから難しいこともあるだろうが、アパレル側も、テキスタイルの個性を強みに売り出していってもらえたらと切に願う。

今回のツィードランでは多くの世代の方々の姿があった。皆さんとても活き活きと良い表情を見せてくれた。ひと際楽しそうだったのはやはり若い女性たち。この世代に尾州の魅力を伝えることが出来たら、なによりである。ベストドレッサー賞を受賞されたのも若い女性であった。彼女はお母さまのツィードジャケットを譲り受けたとか。良いものは長く使われる。

今、モノづくりの現場で働きたいという若い人達がこの産地に定着しつつある。あちこちの工場でそういう姿を目にする。私もはじめは、自分の興味の向くまま撮影をしてきたが、最近では未来に続く今であって欲しいと思い、写真を撮り続けている。そしてこの本が、モノづくりの魅力の一端を知るきっかけになれたら幸いである。

この本を出版するにあたり、各企業の社長はじめ、工場で働く多くの方々のご協力、ご理解を得、様々な工場で撮影することが出来ました。素敵なデザインで写真の魅力を最大限に引き出してくださった（株）青菁社の日下部社長はじめスタッフの皆さまにも感謝申し上げます。多角的に尾州産地や私の活動を捉え助言してくださり、そして私の背中を押す文章を寄せてくださいました畑 祥雄先生にも感謝いたします。末筆になりますが、私の活動が尾州全体のためになればと考えてくださり、２冊目の写真集出版という素晴らしい機会を与えてくださったモリリン（株）の森 克彦会長には心より感謝を申し上げます。

Profile

末松グニエ　文

Aya Suematsu Guenier

経歴

愛知県一宮市生まれ

生家近くの機屋から聞こえてくるションヘル織機の音を聞いて育つ

大阪芸術大学芸術学部写真学科 卒業

２００９年より”せんい産業”をテーマに作品を撮りためる

個展

２０１３年２月“糸がつむぐお話”（１）（i-ビル シビックテラス）

２０１３年５月・１０月 Bishu Material Exhibition（東京青山ベルコモンズ）にて写真展示

２０１４年４月“糸がつむぐお話”（２）（いちい信用金庫駅西支店２階バイオレットホール）

２０１５年４月“糸がつむぐお話”（タペストリー編）（いちい信用金庫本店２階）

２０１６年３月”尾州の光り”（無印良品 Open MUJI 名古屋名鉄百貨店）

活動…………フリーランスのカメラマン

出版…………写真集「糸がつむぐお話 ~ 一宮のまちと繊維産業 ~」
　　　　２０１４年９月　発行：モリリン株式会社　/　発売：（株）青菁社

尾州産地のせんい産業
に関わるイベントや
写真作品を配信中

末松グニエ　文　写真こうば：http://www.hitsuji-photo.com
連絡先：a.suematsu@hitsuji-photo.com

びしゅうくん。尾州 一宮せんい産業応援隊
https://www.facebook.com/ayasuematsuguenier

糸がつむぐお話 Ⅱ

～尾州ツイード～

発行日 ―――――― 2016年5月20日 初版1刷
監　修 ―――――― 公益財団法人 一宮地場産業ファッションデザインセンター
著　者 ―――――― 末松グニエ文《あや》
発　行 ―――――― モリリン株式会社

発　売 ―――――― 株式会社 **青菁社**
〒603-8053 京都市北区上賀茂岩ヶ垣内町89-7
TEL.075-721-5755　FAX.075-722-3995
http://www.seiseisha.net
装丁・デザイン / 乾山工房
印刷 / サンエムカラー
製本 / 新日本製本

ISBN978-4-88350-308-7